镰刀龙的巨爪

Liandaolong de Juzhao

JUEZHAN KONGLONG XINGQIU

3

决战恐龙星球

著 / 江泓　绘画 / 张铁

U0350485

吉林科学技术出版社

　　一座座沙丘绵延伸向远方，黄色的沙丘与蓝色的天空形成了鲜明的对比。一只行走在沙漠中的特暴龙极目远眺，满眼的黄色中有星星点点的绿色，那是一片绿洲，是沙漠中生命的庇护所。现在是 7000 万年前的白垩纪，恐龙王朝即将落下帷幕。

这片位于沙漠中的绿洲以一片湖泊为中心，周围长满了绿色的植物，湖边还有许多来这里饮水觅食的恐龙。在湖边，一群大肚子的镰刀龙正四脚着地，伸着长长的脖子喝水，它们的样子就好像是在对着这片湖泊鞠躬行礼一般。

　　很快，喝完水的镰刀龙纷纷站直了身子，此时它们的小脑袋距离地面足足有 6 米高。镰刀龙的个头很大，它们体长 10 米，体重超过 6.5 吨。镰刀龙以粗壮的后肢行走，不过由于它们的肚子很大，因此走起路来总是慢悠悠的。

在镰刀龙的身边有三只长脖子长尾巴的纳摩盖吐龙正在几棵水杉树下乘凉，这些 15 米长、10 吨重的恐龙以四根柱子一样的腿支持着沉重的身体。一只镰刀龙走了过来，它吼叫着挥动着强壮的胳膊，前肢上长达 1 米的爪子露了出来。

納摩盖吐龙不知道自己做错了什么，它们很无辜地看了镰刀龙几眼，然后走开了。赶走了比自己矮的納摩盖吐龙，镰刀龙们纷纷走了过来，它们伸直了长脖子，用嘴中的牙齿咬下树枝上的叶子，原来刚才納摩盖吐龙妨碍它们吃东西了。

　　正当镰刀龙专心吃东西的时候，两只恶灵龙从一旁的灌木丛中钻了出来。恶灵龙比镰刀龙小得多，其体长 1.5 米，体重 30 千克。恶灵龙的身上长满了颜色艳丽的长羽毛，它们以双足行走和奔跑，样子就好像一只超级大公鸡。

镰刀龙并没有在意突然出现的恶灵龙，不过恶灵龙的大眼睛却盯着不远处的一只小镰刀龙。尽管个头小，但是长有尖牙利爪的恶灵龙却是凶猛的食肉恐龙，它们总是喜欢搞点破坏。现在，这两只恶灵龙正悄悄地向小镰刀龙靠近。

就在恶灵龙向小镰刀龙靠近时，小镰刀龙好像感觉到了什么，它转过头来。当小镰刀龙与恶灵龙大眼瞪小眼时它觉得很好奇，因为小镰刀龙从来没有与恶灵龙距离这么近过，当然它不知道这些家伙的危险性。此时，恶灵龙张开嘴露出两排弯曲锋利的牙齿。

就在一瞬间，恶灵龙高高地跳了起来，用后肢上弯曲的大爪子抓伤了小镰刀龙。小镰刀龙惊恐地尖叫着，它的妈妈听到求救声立即冲了过来。两只恶灵龙见势不妙逃得远远的，它们站在一个土丘上回头望着镰刀龙，嘴中发出得意的"吱吱"声。

　　赶走了恶灵龙，镰刀龙群又恢复了平静，小镰刀龙紧紧地贴在妈妈身边，透过妈妈强壮的手臂，它能看到那两只不怀好意的恶灵龙仍然在不远处看着自己。恶灵龙并没有走远，它们依然停留在镰刀龙周围，想要再搞点破坏。

恶灵龙突然发出惊恐的尖叫声,镰刀龙们以为这又是它们的什么把戏,于是转过头用厌恶的眼神看过去。令镰刀龙意外的是,刚才还在那边的恶灵龙已经不见了,不远处湖边的其他恐龙好像受到了惊吓,也纷纷快步离开。

就在镰刀龙们正因为眼前的景象摸不着头脑的时候，一声惊天动地的怒吼打破了绿洲原有的宁静。听到这声怒吼，镰刀龙们顿时感觉到两腿发软，今天它们碰到了白垩纪最可怕的食肉恐龙，它就是残暴无情的特暴龙。

　　一头高大的特暴龙出现在湖泊的另一边，它发现周围的恐龙早已经逃之夭夭显得有点沮丧。不过当特暴龙一双杀气腾腾的大眼睛扫视一下湖泊周围后，它很快就注意到了湖对岸的镰刀龙。镰刀龙们看到特暴龙凶狠的目光，恐惧瞬间达到了顶点。

特暴龙再一次发出怒吼声，好像是在对镰刀龙们说："别跑，我吃定你们了！"然后这个大家伙便迈开大步，沿着湖岸朝镰刀龙们冲了过来。奔跑中的特暴龙一边咆哮一边喘着粗气，它的一双大脚在地面上留下两排清晰的三趾足迹。

看到猛扑过来的特暴龙，镰刀龙们纷纷逃命，不过由于身体沉重，步伐缓慢，逃命之中的镰刀龙最多只能算是在快走罢了。镰刀龙们不但没有拉开与特暴龙的距离，相反两者之间越来越近，眼看凶神恶煞般的特暴龙就要追上来了！

就在这千钧一发之际，一只高大健壮的雄性镰刀龙突然转过身，它打算与特暴龙拼个你死我活，为它的家人和朋友逃离争取时间、创造机会。面对特暴龙，镰刀龙可不是赤手空拳的，别忘了它们的前肢上长有镰刀一样的大爪子。

　　雄性镰刀龙挺起胸膛，扬起脑袋，它张开前肢挥动着1米长的爪子。此时的镰刀龙心中毫不畏惧，它情愿为家人献出生命。镰刀龙朝已经近在咫尺的特暴龙发出警告，在空中挥舞的大爪子挡住了特暴龙的去路。

横行蒙古这么多年，特暴龙第一次遇到敢于跟自己叫板的猎物，这使它火冒三丈、暴跳如雷。只见特暴龙张开血盆大口，露出两排香蕉大小的锋利牙齿，它只要一次凶狠准确的攻击，就能击倒挡在自己面前这只不知天高地厚的镰刀龙。

面对特暴龙的铁齿钢牙，镰刀龙也毫不示弱，它一边叫一边挥动爪子不让对方靠近。如果能将特暴龙吓走，那么镰刀龙们就安全了，不过特暴龙是不会轻易退缩的，它无法接受被猎物吓跑的羞辱。此时的特暴龙仔细观察着镰刀龙的动作，它在寻找机会。

镰刀龙和特暴龙之间的对峙持续了一段时间，由于有些疲劳，镰刀龙的动作开始变得僵硬。趁着对手松懈的大好机会，捕猎经验丰富的特暴龙突然扑了上来，然后张口咬住了镰刀龙左前肢上的一个爪子，其巨大的咬合力甚至将口中的爪子咬出了裂痕。

被特暴龙咬住爪子的镰刀龙一下子失去平衡，在被特暴龙拖拽的过程中它找回了平衡并与对方较上了劲。就在此时，被特暴龙咬住的爪子一下子断掉了，摆脱束缚的镰刀龙马上展开反击，它使出全身力气抬起右前肢重重地向特暴龙拍去。

看到镰刀龙的反击，特暴龙下意识地向后缩了下身子，但还是躲闪不及。只听到"嘭"的一声闷响，特暴龙首先感到下巴处火辣辣地疼，随后嘴中便充满了血腥的味道。镰刀龙这一爪子尽管不致命，却也把特暴龙打得头昏脑涨、疼痛难忍。

吃了大亏的特暴龙无心恋战，它转身离开并在黄色的沙滩上留下一道鲜红的血迹。得胜的镰刀龙高兴地鸣叫着，尽管其左前肢上的一个指头断掉了，但是这次绝地反击却让特暴龙牢牢记住了镰刀龙巨爪的厉害！

图书在版编目（CIP）数据

镰刀龙的巨爪 / 江泓著. -- 长春：吉林科学技术
出版社，2016.6
　　（决战恐龙星球）
　　ISBN 978-7-5384-8493-9

　　Ⅰ．①镰… Ⅱ．①江… Ⅲ．①恐龙－少儿读物 Ⅳ.
①Q915.864-49

中国版本图书馆CIP数据核字 (2016) 第068396号

Juezhan Konglong Xingqiu3 : Liandaolong de Juzhao

决战恐龙星球3：镰刀龙的巨爪

著　　　　江　泓
绘　　画　张　铁
出 版 人　李　梁
责任编辑　吕东伦
书籍装帧　长春美印图文设计有限公司
开　　本　880mm×1230mm　1/16
字　　数　30千字
印　　张　3
印　　数　1－8000册
版　　次　2016年6月第1版
印　　次　2016年6月第1次印刷

出　　版　吉林科学技术出版社
发　　行　吉林科学技术出版社
地　　址　长春市人民大街4646号
邮　　编　130021
发行部电话/传真　0431-85635176　85651759
　　　　　　　　　　　　85635177　85651628
储运部电话　0431-86059116
编辑部电话　0431-85670016
印　　刷　吉林省吉广国际广告股份有限公司

书　　号　ISBN 978-7-5384-8493-9
定　　价　19.80元